当诗词遇见科学

陈征 著

17

北京时代华文书局

图书在版编目（CIP）数据

当诗词遇见科学：全20册 / 陈征著 . — 北京：北京时代华文书局，2019.1（2025.3重印）
ISBN 978-7-5699-2880-8

Ⅰ. ①当… Ⅱ. ①陈… Ⅲ. ①自然科学—少儿读物②古典诗歌—中国—少儿读物 Ⅳ. ①N49②I207.22-49

中国版本图书馆CIP数据核字(2018)第285816号

拼音书名｜DANG SHICI YUJIAN KEXUE：QUAN 20 CE

出 版 人｜陈 涛
选题策划｜许日春
责任编辑｜许日春 沙嘉蕊
插 图｜杨子艺 王 鸽 杜仁杰
装帧设计｜九 野 孙丽莉
责任印制｜訾 敬

出版发行｜北京时代华文书局 http://www.bjsdsj.com.cn
　　　　　北京市东城区安定门外大街138号皇城国际大厦A座8层
　　　　　邮编：100011 电话：010-64263661 64261528
印 　 刷｜天津裕同印刷有限公司
开 　 本｜787 mm×1092 mm　1/24　 印　 张｜1　 字　 数｜12.5千字
版 　 次｜2019年8月第1版　　　　　 印　 次｜2025年3月第15次印刷
成品尺寸｜172 mm×185 mm
定 　 价｜198.00元（全20册）

自 序

　　一天，我坐在客厅的沙发上，望着墙上女儿一岁时的照片，再看看眼前已经快要超过免票高度的她，恍然发现，女儿已经六岁了。看起来她一直在身边长大，可努力搜索记忆，在女儿一生最无忧无虑的这几年里，能够捕捉到的陪她玩耍，给她读书讲故事的场景，却如此稀疏……

　　这些年奔忙于工作，陪孩子的时间真的太少了！

　　今年女儿就要上小学，放眼望去，小学、中学、大学……在永不回头的岁月中，她将渐渐拥有自己的学业、自己的朋友、自己的秘密、自己的忧喜，直到拥有自己的家庭、自己的人生。唯一渐渐少了的，是她还愿意让我陪她玩耍，给她读书、讲故事的时间……

　　不能等到孩子不愿听的时候才想起给她读书！这套书就源自这样的一个念头。

　　也许因为我是科学工作者，科学知识是女儿的最爱，她每多了解一个新的科学知识，我都能感受到她发自内心的喜悦。古诗词则是我的最爱，那种"思飘云物动，律中鬼神惊"的体验让一个学物理的理科男从另一个视角感受到世界的美好。当诗词遇见科学，当我读给孩子，这世界的"真""善"与"美"如此和谐地统一了。

书中的科学知识以一个个有趣的问题提出，目的并不在于告诉孩子答案，而是希望引导孩子留心那些与自然有关的细节，记得观察生活、观察自然；引导孩子保持对世界的好奇心，多问几个为什么。兴趣、观察和描述才是这么大孩子的科学教育应该做的。而同时，对古诗词的赏析，则希望孩子们不要从小在心里筑起"文"与"理"之间的高墙，敞开心扉去拥抱一个包括了科学、文化和艺术的完整的世界。

不得不承认，这套书选择小学语文必背的古诗词，多少还是有些功利心在其中。希望在陪伴孩子的同时，也能为孩子的学业助一把力。

最后，与天下的父母共勉：多陪陪孩子，趁着他们还没长大！

目 录

宋 范成大

sì shí tián yuán zá xìng
四时田园杂兴（其二）

méi zi jīn huáng xìng zi féi　mài huā xuě bái cài huā xī
梅子金黄杏子肥，麦花雪白菜花稀。

rì cháng lí luò wú rén guò　wéi yǒu qīng tíng jiá dié fēi
日长篱落无人过，唯有蜻蜓蛱蝶飞。

释词

1 梅子：梅树的果实，夏天成熟，可以食用。

2 麦花：荞麦花。花为白色或淡红色，果实磨成粉可供食用。

3 菜花：油菜花。

4 唯：只有。

5 蛱蝶：蝴蝶的一种。

译文

江南夏日的田园多么令人向往啊！杏子果肉肥厚，满树的梅子也变成金黄色，令人垂涎不已；荞麦花开得热闹非凡，雪白一片，倒显得油菜花稀稀落落。太阳不断升高，篱笆的影子变得越来越短；篱笆旁没有人经过，只有蝴蝶和蜻蜓飞来飞去。

诗中的菜花是我们平时吃的菜花吗？

诗中的菜花指的可不是今天吃的那种菜花。我们今天吃的菜花也叫花椰菜，是甘蓝的一个变种，和我们平时吃的包包菜、紫甘蓝是亲戚。

而诗中的菜花指的是油菜花。每年春夏季节，不光是名声响亮的江西婺源，广大的神州大地，从青海、西藏、云南、贵州，到陕西、安徽、浙江、江苏，就连山西、内蒙古，都有成片黄澄澄的油菜花海吸引着游客们去观赏。可是，我们今天看到的油菜花，也不是诗中所提及的菜花。

那诗人所说的菜花到底是什么呢？原来凡是菜籽能够榨油的植物都可以称为油菜，我们今天看到的油菜花，其实是从国外引进的一种甘蓝型油菜所开的花。它是一种由白菜和甘蓝杂交形成的品种，是在 20 世纪 30 年代被引进中国的。

中国原产的油菜有两种，一种是芥菜的变种，也叫辣油菜。芥菜型油菜的菜籽是辣的，我们平时所吃的那种很呛的芥末，就是这种菜籽磨的粉；另一种则是从白菜演变来的白菜型油菜，今天我们把它叫作油白菜或者小油菜。我们猜想，诗人所说的菜花，更有可能是后一种，也就是小油菜所开的花。

麦子怎么变成馒头的？

麦的种类很多，有大麦、小麦、燕麦、荞麦，等等。小麦是其中种植量最大、养活人口最多的粮食作物，中国也是世界上最早种植小麦的国家之一，中国古代典籍中的"麦"字，通常指的也都是小麦。

作为中国传统的五谷之一，小麦5000年来伴随着中华文明的成长，至今仍是中国北方最重要的主食。小麦的种子由穿在外面的衣服——种皮，套在中间的"棉袄"——胚乳以及包裹在里面的胚芽三部分组成。把种子中的胚乳磨碎成粉，就是我们平时吃的面粉；而外面那层种皮，人们通常叫它麸子。最近这些年我们生活好了，开始喜欢吃粗粮，于是就有了把小麦的胚乳和种皮一起磨碎，面粉和麸子混在一起的小麦粉。

面粉里最主要的成分是淀粉，但也有不少蛋白质和其他营养物质。把磨好的面粉加上水进行搅拌和挤压，也就是和面。面粉里的蛋白质就会在水的作用下，相互交织成富有弹性的网络。把淀粉和其他物质网在一起，通过蒸、煮、烤等方式制作之后，就会变成香喷喷的馒头、面条、面包和饼干。

宋 杨万里

xiǎo chí
小池

quán yǎn wú shēng xī xì liú　shù yīn zhào shuǐ ài qíng róu
泉眼无声惜细流，树阴照水爱晴柔。

xiǎo hé cái lù jiān jiān jiǎo　zǎo yǒu qīng tíng lì shàng tóu
小荷才露尖尖角，早有蜻蜓立上头。

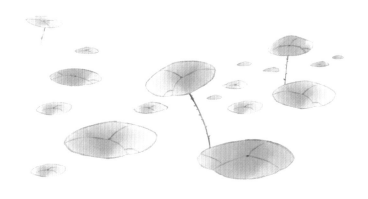

释词

1 惜：珍惜。

2 晴柔：晴天柔和的风光。

3 尖尖角：初出水面还没有舒展的荷叶尖端。

译文

泉眼悄无声息地流淌，是因为怜惜细细的水流；树阴倒映在水面上，是因为喜爱晴天柔和的风光。娇嫩的荷叶刚刚从水面露出尖尖的角，便早有一只调皮可爱的小蜻蜓立在它的上头。哈哈，小蜻蜓，早安！

蜻蜓点水 到底在做什么？

　　天气暖和的时候，我们经常看到水面上有蜻蜓用自己的尾巴一下下地轻点水面，溅起一圈一圈的涟漪。它是在玩水吗？

　　其实不是的。这些点水的蜻蜓都是雌性蜻蜓，也就是蜻蜓妈妈，它们点水的过程其实是在产卵。蜻蜓把卵产在水里，这些卵在水中孵化成为蜻蜓的幼虫，叫作水虿（chài）。水虿有鳃，可以在水里呼吸，而它们的食物，则是水里的各种小虫子。

水蚤在水中要生活大约两年时间，经过十多次蜕皮之后才能顺着水草爬上岸，然后经过最后一次蜕皮长出翅膀，变成成年的蜻蜓。幼年时的水蚤在水里捕食蚊子的幼虫孑孓（jié jué），成年的蜻蜓则会捕食蚊子。所以蜻蜓对消灭我们讨厌的蚊子有很大的功劳，是一种益虫，我们应该保护它。

1 产卵

2 幼虫

3 成虫

泉水从何而来？

泉水就是自己从地下涌出来的地下水。

大气里的雨雪天气带来的降水落到地面后，有一部分汇入河流流向大海。而另一部分则会通过土壤岩石的缝隙渗入地下，江河湖海的底部也会不断有水渗入岩石的缝隙。这些藏在地下土壤岩石缝隙中的水就是地下水。

地下水会沿着岩石裂缝倾斜的方向流动，当它遇到阻碍的时候就会产生压力，在这些压力的作用下，有些水就会从地面涌出形成泉水。

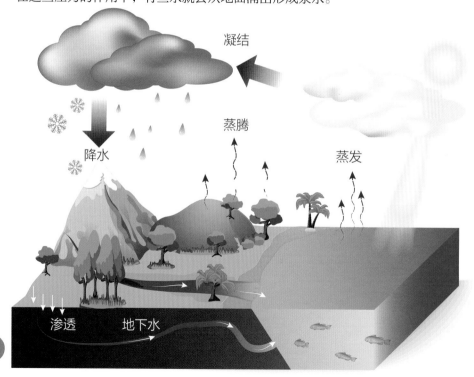

因为水在渗入地下的过程中经过了土壤中沙子的过滤，通常都比较干净，在岩石的缝隙中还溶入了各种矿物质，所以泉水往往是很好的饮用水源。不过泉水在涌出地面的时候，会受到周围环境的影响，里面仍然可能有各种细菌、寄生虫等，所以最好不要直接饮用泉水，要经过过滤或烧开之后才能饮用。

有的地方本身有地热，地下水在灼热的岩石缝隙中被加热后涌出地面，形成温泉。比如北京的小汤山、西安的华清池等，都是著名的温泉圣地。

晓出净慈寺送林子方

宋 杨万里

毕竟西湖六月中，风光不与四时同。

接天莲叶无穷碧，映日荷花别样红。

释词

1 净慈寺：全名"净慈报恩光孝禅寺"，与灵隐寺为杭州西湖南北山两大著名佛寺。

2 毕竟：终究。

3 四时：春夏秋冬四个季节，在这里指六月以外的其他时节。

译文

天下美景，无出西湖之右者。但大家知道西湖什么时候的风景最美吗？杨万里认为，就在那烈日炎炎、荷铺满池、花香四溢的六月。西湖六月的风景，与其他时节不一样。哪里不一样呢？荷叶无边无际，似乎一直延伸到水天的尽头，望不尽一片碧绿。一场夏雨过后，荷花愈发干净，在阳光的照耀下，分外鲜红娇美。通过学习这首诗，大家一定知道去西湖游玩的最佳时机了吧？

为什么叶子是绿色的？

我们每天都要依靠吃饭获取能量，可植物是怎么获取能量生存的呢？答案是通过植物叶子里的叶绿素吸收太阳光，通过进行光合作用，来制造生存所需要的养料。

太阳光是由红橙黄绿蓝靛紫等不同颜色的光组成的，这里面叶绿素最喜欢的光是红光，它的能量正好满足光合作用所需的大小；绿光能量比较大，而且在阳光中含有很多，植物如果吸收的话，用不了的能量会变成热，反而破坏光合作用；蓝紫光虽然单个能量比绿光大，但是因为总量少，叶绿素反而会利用一些。

植物中的叶绿素主要吸收红光和一部分蓝紫光，绿光大部分都被反射出去而被我们看到，所以我们看到的叶子通常都是绿色的。

当植物生活在比较深的水里时，本来能见到的阳光非常少，又有水来帮忙冷却，这时候它们就不那么"挑食"了，什么光都尽可能吸收利用，所以你看到的海带、紫菜这些植物颜色就是深绿甚至黑紫色的。

花为什么是红色的呢？

花的颜色其实是丰富多彩的。多数花里含有一种叫花青素的东西，花青素在酸性的细胞液里是红色的，而在碱性的细胞液里会变成蓝色。另外有些花还含有胡萝卜素，让花变成橙色或者黄色。也有不含色素的花，花瓣里的一些小气泡也会反射太阳光，呈现出白色。

花和叶子的分工不同，花通常不进行光合作用，它们吸收的光就都会变成热。所以通常在阳光比较强烈的地方，花为了不被太阳光灼伤，就会优先反射发热能力最强的红光、黄光。反射蓝光的蓝花多数长在树下等比较阴凉的地方。

　　另外红色比较容易吸引昆虫来帮助植物传粉，这也是自然界里红色的花比较多的一个重要原因。

科学思维训练小课堂

① 请列举出由面粉加工出来的食物清单。

② 想一想，有哪些昆虫习惯在水中产卵？

③ 观察一下，身边的花都有哪些颜色？

扫描二维码回复"诗词科学"

即可收听本书音频